PLANES DE CUIDADOS DE ENFERMERÍA EN SALUD MENTAL

Autores:

DOMINGUEZ GONZALEZ, SONIA

LUCERO BARROSO, FRANCISCO JAVIER

TOSTADO CINTERO, FRANCISCO JOSE

PLANES DE CUIDADOS DE ENFERMERIA EN SALUD MENTAL

INDICE

PLANES DE CUIDADOS DE ENFERMERIA EN SALUD MENTAL

1. PRESENTACIÓN

Las enfermedades mentales, a día de hoy, constituyen uno de los principales motivos de incapacidad temporal en las sociedades industrializadas y, por ende, causa de un gran número de incapacidades permanentes. Por tanto, los profesionales sanitarios deben atender un número creciente de pacientes aquejados por alguna patología mental.

La especialización de la enfermería en el campo de la salud mental otorga a estos profesionales los conocimientos suficientes para manejarse en este ámbito, pero es necesario dotarles de las herramientas necesarias para facilitar su labor asistencial y obtener con ello los mejores resultados posibles.

Para ello presentamos la siguiente obra, que ha de servir como guía práctica de cuidados de enfermería, tanto en el ámbito hospitalario como en el comunitario. Recordemos que la aplicación estructurada de los cuidados de enfermería permite ofrecer respuestas efectivas ante la aparición de las diversas situaciones que puedan presentarse a lo largo del proceso de atención a los problemas de cuidados de las personas.

Este sistema, como podrán adivinar, es el Proceso de Atención de Enfermería (PAE), que actualmente ha sido diseñado, desarrollado y presentado para las enfermeras a nivel internacional a través de un lenguaje normalizado, la taxonomía NANDA (2009-2011).

Sin entretenernos en más detalles sobre dicha taxonomía, sobre la que existe abundante literatura, sí que es necesario detallar a continuación la estructura que seguiremos en la presentación de los planes de cuidados a lo largo de los siguientes capítulos.

En primer lugar, aclarar que abarcar todo el "universo" de trastornos mentales constituiría una labor un tanto desmesurada por la amplitud de sus manifestaciones y la poca incidencia de muchas de ellas en la población, por lo que nos hemos centrado en las patologías que más frecuentemente se atienden en los servicios de salud, concretamente los trastornos depresivos, bipolares en fase maníaca, esquizofrénicos, los trastornos de la conducta alimentaria (concretamente la anorexia) y los pacientes que presentan conductas adictivas, principalmente alcohol y cocaína.

Antes de realizar un plan de cuidados es preceptiva realizar una valoración del paciente, por lo que al principio de cada capítulo enumeramos las alteraciones que sufren las personas afectadas por ese trastorno en base a los 11 patrones funcionales de M. Gordon, que enumeramos a continuación:

- Patrón 1: Percepción - control de la salud
- Patrón 2: Nutricional - metabólico
- Patrón 3: Eliminación
- Patrón 4: Actividad - ejercicio
- Patrón 5: Sueño - descanso
- Patrón 6: Cognitivo - perceptivo
- Patrón 7: Autopercepción - autoconcepto
- Patrón 8: Rol - relaciones

PLANES DE CUIDADOS DE ENFERMERIA EN SALUD MENTAL

- Patrón 9: Sexualidad - reproducción
- Patrón 10: Afrontamiento - tolerancia al estrés
- Patrón 11: Valores - creencias

El tratamiento de dichos patrones se hace en esta obra de manera estandarizada, como el plan de cuidados posterior, ya que cada caso es único y precisa de una valoración individualizada. Es importante recalcar este aspecto ya que no podemos caer en el error de "estandarizar" a los pacientes, cada uno constituye un universo propio y singular, que debe ser atendido de forma exclusiva. Es por ello que los diagnósticos que daremos a continuación para cada trastorno están formulados en función de su mayor prevalencia entre los individuos que sufren ese trastorno mental, no pudiendo por ello ser de obligatoria aparición ni excluyentes de otros que puedan aparecer en cada caso individualizado.

La estructura que sigue la taxonomía NANDA, y por tanto los planes de cuidados aquí recogidos, es la siguiente:

"Diagnóstico enfermero (Código NANDA)"

- Definición del diagnóstico.

Factores relacionados	Características definitorias

❖ RESULTADOS (NOC):

Código NANDA - Resultado

- INDICADORES:
  Código NANDA – Indicador[1]

❖ INTEVENCIONES (NOC):

Código NANDA - Intervención

- ACTIVIDADES:
  Código NANDA - Actividad

Para la elaboración de los planes de cuidados nos ha sido de gran utilidad el asistente que para tal motivo existe en www.nanda.es . Queremos, por tanto, felicitar a los creadores de dicha web y animarles a que sigan desarrollándola.

---

[1] Los indicadores vienen acompañados en la taxonomía NANDA II de una escala likert que determina su grado de cumplimiento, escala que no hemos añadido a nuestro diseño de los planes de cuidados para que sean más manejables.

PLANES DE CUIDADOS DE ENFERMERIA EN SALUD MENTAL

2. TRASTORNO BIPOLAR EN FASE MANIACA

2.1. VALORACIÓN POR PATRONES FUNCIONALES DE SALUD

1. Percepción-control de la salud

• Las personas en estado maníaco no tienen conciencia de padecer una alteración del estado de ánimo. Se sienten pletóricas, hiperactivas y rechazan cualquier intento de ayuda.

• Dificultad para que lleven a cabo el tratamiento prescrito.

• Uso y consumo de sustancias tóxicas: drogas ilegales, alcohol, fármacos, etc.

• Riesgo de lesiones por accidentes.

2. Nutricional-metabólico

• Malnutrición debido al incumplimiento de los requerimientos nutricionales básicos por incapacidad para centrarse en la necesidad de alimentarse y toda la secuencia de acciones precisas.

• Pérdida de peso y desarreglos digestivos. Ingesta rápida y sin masticar, no cumplimiento de horarios, etc...

3. Eliminación

• Estreñimiento y otras alteraciones relacionadas con los desarreglos metabólicos y nutricionales.

• Diarrea secundaria a altos niveles de litio en sangre.

4. Actividad-ejercicio

• Hiperactividad, personas infatigables, centrada en los proyectos delirantes.

• Inquietud psicomotriz, llegando a la agitación en estados extremos. No colaboración en las actividades de autocuidado ni en las domésticas.

5. Sueño-descanso

• Insomnio, no sienten necesidad de dormir. Se produce pérdida del ritmo. Tendencia a dormir fuera de horas.

6. Cognitivo-perceptivo

• Alto grado de distraibilidad, dificultad para concentrar su atención en cuestiones que estén fuera de su ámbito de interés.

• Humor altamente variable, de la euforia a la irritación extrema, cambian con suma facilidad y sin razón aparente.

• Alteraciones psicomotoras.

• Verborrea.

• Taquipsiquia. Robo del pensamiento.

• Alteraciones sensoperceptivas.

• Dificultades para concentrarse y de memoria. Exacerbación del rendimiento intelectual, pero en general ineficaz. Asociaciones incoherentes.

• Lenguaje provocador.

• Hipersensibilidad a los estímulos externos.

7. Autopercepción - autoconcepto

• Percepción bizarra, hipertrofiada de sí mismo.

• Sentimientos de grandeza, ideación paranoide.

• Sentimientos de plenitud.

• Actitud hedonista y narcisista.

8. Rol-relaciones

• Actividad social intensa. Abandono de las responsabilidades inherentes al estatus y a los roles sociales.

• Conductas extravagantes y osadas. Prodigalidad y proyectos ruinosos que pueden llevar a la ruina.

• Falta de límites: indiscreción, intromisión del espacio social ajeno, etc.

PLANES DE CUIDADOS DE ENFERMERIA EN SALUD MENTAL

9. Sexualidad-reproducción

• Hiperactividad sexual.

• Promiscuidad, sin prestar atención a tomar medidas profilácticas.

• Conductas de acoso.

10. Afrontamiento-tolerancia al estrés

• Alta reactividad emocional.

• No conciencia de enfermedad, lo que se traduce en falta de colaboración.

• Las actitudes de afrontamiento son inadecuadas e improductivas. Raramente admiten la crítica, y pueden llevar a conductas agresivas.

11. Valores-creencias

• En principio no se altera el contenido de las creencias de tipo religioso, pero si se puede exacerbar su expresión.

• Existe una expresión verbal exacerbada de ciertos valores universales: amistad, compromiso, lealtad, por ejemplo, pero la práctica suele estar llena de contradicciones.

2.2. DIAGNÓSTICOS DE ENFERMERÍA

2.2.1. "Desequilibrio nutricional por defecto (00002)"

- Definición: Ingesta de nutrientes insuficiente para satisfacer las necesidades metabólicas.

Factores relacionados	Características definitorias
▪ Factores económicos	▪ Aversión a comer
▪ Factores psicológicos	▪ Falta de interés en los alimentos
▪ Incapacidad para ingerir los alimentos	▪ Incapacidad subjetiva para ingerir alimentos

❖ RESULTADOS (NOC):

1009. Estado nutricional: ingestión de nutrientes (idoneidad de la pauta habitual de ingesta de nutrientes).

- INDICADORES:
  100901 - Ingesta calórica
  100902 - Ingestión proteica
  100903 - Ingestión de grasas
  100904 - Ingestión de hidratos de carbono
  100905 - Ingestión de vitaminas
  100906 - Ingestión mineral
  100907 - Ingestión de hierro
  100908 - Ingestión de calcio
  100910 - Ingestión de fibra
  100911 - Ingestión de sodio

❖ INTERVENCIONES (NIC):

1100 - Manejo de la nutrición

- ACTIVIDADES:
  11001. Ajustar la dieta al estilo del paciente, según cada caso.
  110004. Ayudar al paciente a recibir asistencia de los programas nutricionales comunitarios apropiados, según cada caso.
  110005. Comprobar la ingesta realizada para ver el contenido nutricional y calórico
  110008. Determinar la capacidad del paciente para satisfacer las necesidades nutricionales
  110009. Determinar las preferencias de comidas del paciente.
  110010. Enseñar al paciente a llevar un diario de comidas, si es necesario.
  110013. Fomentar la ingesta de calorías adecuadas al tipo corporal y estilo de vida.

110014. Fomentar técnicas seguras de preparación y preservación de alimentos.
110017. Pesar al paciente a intervalos adecuados.
110020. Proporcionar información adecuada acerca de las necesidades nutricionales y modo de satisfacerlas.

5246 - Asesoramiento nutricional

- ACTIVIDADES:
524602. Ayudar al paciente a expresar sentimientos e inquietudes acerca de la consecución de las metas.
524605. Comentar los gustos y aversiones alimentarias del paciente.
524608. Determinar la ingesta y los hábitos alimentarios del paciente.
524611. Discutir los hábitos de compra de comidas y los límites del presupuesto.
524614. Establecer metas realistas a corto y largo plazo para el cambio del estado nutricional.
524620. Valorar el progreso de las metas de modificación dietética a intervalos regulares
524621. Valorar los esfuerzos realizados para conseguir los objetivos.

1160 - Monitorización nutricional

2.2.2. *"Riesgo de traumatismo (00038)"*

- Definición: Acentuación del riesgo de lesión tisular accidental (ej. Quemadura, herida, una fractura).

- RESULTADOS (NOC):

1911 - Conducta de seguridad personal (acciones personales o del cuidador familiar para controlar conductas que puedan causar lesión física)

- INDICADORES:
191113 - Evitar el consumo de drogas que se utilizan en relaciones sociales
191115 - Uso de precauciones cuando se consumen fármacos que alteran el nivel de conciencia
191117 - Evitar los productos / subproductos del tabaco
191118 - Evitar el abuso de alcohol
191126 - Se protege de las lesiones

❖ INTERVENCIONES (NIC):

6654 - Vigilancia: seguridad.

- ACTIVIDADES:
  665402. Comunicar la información acerca del riesgo del paciente a los otros miembros del personal de cuidados
  665403. Determinar el grado de vigilancia requerido por el paciente en función del nivel de funcionamiento y de los peligros presentes en el ambiente.
  665404. Observar si hay alteraciones de la función física o cognoscitiva del paciente que puedan conducir a una conducta insegura.
  665406. Proporcionar el nivel adecuado de supervisión/vigilancia para vigilar al paciente y permitir las acciones terapéuticas, si es necesario.

2.2.3. *"Trastorno de los procesos de pensamiento (00130)"*

- Definición: Trastorno de las operaciones y actividades cognitivas

Características definitorias
▪ Déficit o problemas de memoria
▪ Disonancia cognitiva
▪ Egocentrismo
▪ Facilidad para distraerse
▪ Hipervigilancia
▪ Interpretación inexacta del entorno
▪ Pensamiento inadecuado no basado en la realidad

❖ RESULTADOS (NOC):

1202 - Identidad (distingue entre el yo y no yo y caracteriza la esencia de uno mismo)

- INDICADORES:
  120201 - Verbaliza afirmaciones de identidad personal
  120202 - Muestra una conducta verbal y no verbal congruente sobre sí mismo
  120203 - Verbaliza un sentido claro de identidad personal
  120207 - Realiza roles sociales
  120209 - Cuestiona creencias erróneas sobre sí mismo
  120210 - Cuestiona imágenes negativas de sí mismo
  120213 - Verbaliza confianza en sí mismo

PLANES DE CUIDADOS DE ENFERMERIA EN SALUD MENTAL

❖ INTERVENCIONES (NIC):

4700 - Restructuración cognitiva (estimular al paciente para que altere los esquemas de pensamiento desordenados y se vea a sí mismo y al mundo de forma más realista)

- ACTIVIDADES:
  470001. Ayudar al paciente a cambiar afirmaciones (autoafirmaciones) irracionales autoinducidas por afirmaciones (autoafirmaciones) racionales.
  470008. Ayudar al paciente a reconocer la irracionalidad de ciertas creencias comparándolas con la realidad actual

5390 - Potenciación de la conciencia de sí mismo (ayudar al paciente a que explore y comprenda sus pensamientos, sentimientos, motivaciones y conductas).

- ACTIVIDADES:
  539001. Animar al paciente a reconocer y discutir sus pensamientos y sentimientos.
  539007. Ayudar al paciente a identificar las conductas que sean autodestructivas.
  539017. Explorar con el paciente la necesidad de control.

2.2.4. *"Desempeño inefectivo del rol (00055)"*

❖ Definición: Los patrones de conducta y expresiones de la persona no concuerdan con las expectativas, normas y contexto en el que se encuentra.

Características definitorias	Factores relacionados
▪ Afrontamiento inadecuado	▪ Enfermedad mental
▪ Alteración de las percepciones des rol	▪ Expectativas del rol poco realistas
▪ Ansiedad	▪ Inadecuada socialización del rol
▪ Autogobierno inadecuado	
▪ Competencia inadecuada	
▪ Expectativas del desarrollo inadecuadas	

PLANES DE CUIDADOS DE ENFERMERIA EN SALUD MENTAL

❖ RESULTADOS (NOC):

1501 - Ejecución del rol (congruencia de la conducta de rol del individuo con las expectativas del rol)

- INDICADORES:
  150101 - Capacidad para cumplir las expectativas del rol
  150103 - Ejecución de las conductas de rol familiares
  150104 - Ejecución de las conductas de rol social
  150105 - Ejecución de las conductas de rol laboral
  150106 - Ejecución de las conductas de rol de amistad
  150107 - Descripción de los cambios conductuales con la enfermedad o la incapacidad

❖ INTERVENCIONES (NIC):

5370 - Potenciación de roles (ayudar al paciente, a un ser querido y/o a la familia a mejorar sus relaciones clarificando y cumplimentando las conductas de roles específicos.

- ACTIVIDADES:

  537001. Animar al paciente a identificar una descripción realista del cambio de rol.
  537003. Ayudar al paciente a identificar estrategias positivas en los cambios de papeles.
  537004. Ayudar al paciente a identificar la insuficiencia de roles.
  537007. Ayudar al paciente a identificar los roles habituales en la familia.
  537010. Ayudarle a identificar las conductas necesarias para el cambio de roles o a roles nuevos.
  537017. Facilitar la oportunidad al paciente de que practique el rol con conductas nuevas.
  537018. Facilitar las interacciones grupales de referencia como parte del aprendizaje de los nuevos roles.

2.2.5. *"Deterioro de la interacción social (0052)"*

- Definición: Intercambio social inefectivo o cuantitativamente insuficiente o excesivo.

Características definitorias	Factores relacionados
▪ Informes familiares de cambio de estilo o patrón de interacción	▪ Alteración de los procesos de pensamiento
▪ Interacción disfuncional con los compañeros, familia o amigos	▪ Trastorno de autoconcepto
▪ Observación de empleo de conductas de interacción social ineficaces	

PLANES DE CUIDADOS DE ENFERMERIA EN SALUD MENTAL

❖ RESULTADOS (NOC):

1502. Habilidades de interacción social (conductas personales que fomentan relaciones eficaces)

❖ INTERVENCIONES (NIC):

4362 - Modificación de la conducta: habilidades sociales (ayuda al paciente para que desarrolle o mejore las habilidades sociales interpersonales)

- ACTIVIDADES:
  436202. Animar al paciente/seres queridos a que valoren los resultados esperados de la interacción social, establezcan recompensas para los resultados positivos y solucionen los problemas con los resultados menos deseables.
  436203. Animar al paciente a manifestar verbalmente los sentimientos asociados con los problemas interpersonales.
  436207. Ayudar al paciente a identificar los resultados deseados de las relaciones o situaciones interpersonales problemáticas.
  436209. Educar a familiares, amigos y compañeros sobre el propósito y proceso del ejercicio de habilidades sociales.
  436211. Identificar las habilidades sociales específicas que construirán el centro de ejercicios de desarrollo de la misma
  436214. Proporcionar seguridad (elogios o recompensas) al paciente sobre la realización de la habilidad social.

4356 - Manejo de la conducta: sexual (limitación y prevención de conductas socialmente inaceptables)

2.2.6. *"Riesgo de violencia: lesiones a otros (00138)"*

• Definición: Riesgo en que la persona demuestra que puede ser física, emocional o sexualmente lesiva para otros

Factores relacionados
▪ Impulsividad

❖ RESULTADOS (NOC):

1405 - Autocontrol de los impulsos

- INDICADORES:
  140501 - Identifica conductas impulsivas perjudiciales
  140502 - Identifica sentimientos que conducen a acciones

PLANES DE CUIDADOS DE ENFERMERIA EN SALUD MENTAL

140503 - Identifica conductas que conducen a acciones impulsivas

❖ INTERVENCIONES (NIC):

4370 - Entrenamiento para controlar los impulsos

- ACTIVIDADES:
  437001. Animar al paciente a practicar la solución de problemas en situaciones sociales e interpersonales fuera del ambiente terapéutico, seguido por la evaluación del resultado.
  437009. Enseñar al paciente a "detenerse y pensar" antes de comportarse impulsivamente.

2.2.7. *"Incumplimiento del tratamiento (00079)"*

- Definición: Conducta de una persona o de un cuidador que no coincide con el plan terapéutico o de promoción de la salud acordado entre la persona y un profesional del cuidado de la salud. Cuando se ha acordado un plan, ya sea terapéutico o de promoción de la salud, la persona o el cuidador pueden respetarlo total o parcialmente o no cumplirlo en absoluto, lo que puede conducir a resultados clínicos efectivos, parcialmente efectivos o inefectivos.

Características definitorias	Factores relacionados
▪ No asistencia a las visitas concertadas ▪ Evidencia de exacerbación de los síntomas ▪ Conducta indicativa de incumplimiento del tratamiento ▪ Falta de progresos	▪ Habilidades de comunicación y enseñanza del proveedor de los cuidados ▪ Complejidad ▪ Ideas sobre la salud ▪ Implicación de los miembros en el plan de salud ▪ Seguimiento regular del proveedor de los cuidados ▪ Satisfacción con los cuidados

❖ RESULTADOS (NOC):

1601 - Conducta de cumplimiento

- INDICADORES:
  160101 - Confianza en el profesional sanitario s obre la información recibida,

PLANES DE CUIDADOS DE ENFERMERIA EN SALUD MENTAL

160103 - Comunica seguir la pauta prescrita
160104 - Acepta el diagnóstico del profesional sanitario
160105 - Conserva la cita con un profesional sanitario
160108 - Realiza las actividades de la vida diaria según prescripción

❖ INTERVENCIONES (NIC):

4410. Establecimiento de objetivos comunes

- ACTIVIDADES:
442001 - Al ayudar al paciente a identificar las metas, evitar centrarse en el diagnóstico o proceso de enfermedad únicamente.
442002 - Alentar al paciente a que es criba sus propios objetivos, s i fuera posible.
442003 - Animar al paciente a que determine sus virtudes y habilidades.

2.2.8. *"Insomnio (00095)"*

- Definición: Trastorno de la cantidad y calidad del sueño que deteriora el funcionamiento.

Características definitorias	Factores relacionados
▪ Informar de tras tornos del sueño que tienen consecuencias al día siguiente ▪ Informar de dificultad para conciliar el sueño ▪ Informar de dificultad para concentrarse	▪ Ansiedad ▪ Higiene del sueño inadecuada (actual)

❖ RESULTADOS (NOC):

0004 - Sueño

- INDICADORES:
000402 - Horas de sueño cumplidas
000403 - Patrón del sueño
2002 - Bienestar personal

PLANES DE CUIDADOS DE ENFERMERIA EN SALUD MENTAL

2002 - Bienestar personal

- INDICADORES:
  200201 - Satisfacción con las actividades de la vida diaria
  200202 - Satisfacción con el funcionamiento psicológico

❖ INTERVENCIONES (NIC):

1850 - Mejorar el sueño

- ACTIVIDADES:
  185003 - Ajustar el programa de administración de medicamentos para apoyar el ciclo de sueño / vigilia del paciente.
  185006 - Ayudar al paciente a limitar el sueño durante el día disponiendo una actividad que favorezca la vigilia, si procede).
  185019 - Fomentar el aumento de las horas de sueño si fuera necesario.

PLANES DE CUIDADOS DE ENFERMERIA EN SALUD MENTAL

3. TRASTORNO DEPRESIVO

3.1. VALORACIÓN POR PATRONES FUNCIONALES DE SALUD

1. Percepción-control de la salud

• Tienen conciencia de padecer una alteración del estado de ánimo, aunque en los primeros estadios no son capaces de reconocer su carácter de enfermo

• Sentimiento de minusvalía personal, social.

• Actitud hipocondriaca, preocupación excesiva sobre la propia salud, y sensación de padecer enfermedades de carácter fatal.

• Uso y consumo de sustancias tóxicas: Alcohol, fármacos, y en general, automedicación en busca de un estado de ánimo mejor.

• Vivencias subjetivas de estar rodeado/a de problemas: familiares, laborales, etc. En muchas ocasiones, se culpabilizan por todas las situaciones que se producen a su alrededor, pero no valoran de igual forma los aspectos positivos.

• Demandas frecuentes a médicos e instituciones sanitarias. Vivencia de ser mal atendido en los mismos.

• Riesgo de suicidio, o intentos del mismo.

2. Nutricional-metabólico

• La depresión induce a la pasividad, y se produce anorexia (que significa pérdida del apetito, no confundir con la patología de igual denominación), con pérdida de peso, desarreglos digestivos: aerofagia, digestiones lentas. Parte de esta problemática se vincula a elementos de tipo perceptivo.

3. Eliminación

• Estreñimiento y otras alteraciones relacionadas con los desarreglos metabólicos y nutricionales.

4. Actividad-ejercicio

• Pasividad.

• Inhibición psicomotriz, junto con inquietud improductiva.

PLANES DE CUIDADOS DE ENFERMERIA EN SALUD MENTAL

• Falta permanente de energía para cualquier actividad. No colabora en las actividades de autocuidado ni en las domésticas.

5. Sueño-descanso

• Desequilibrios extremos y pérdida del ritmo basal propio: hipersomnia o insomnio. La percepción de cansancio es mayor por la mañana, con tendencia a dormir fuera de horas para mitigar el cansancio, y se reduce a lo largo del día. De noche se produce dificultad para dormir, que a veces consiste en una percepción de mala calidad del sueño nocturno, aunque objetivamente el paciente duerma.

6. Cognitivo-perceptivo

• Alteraciones psicomotoras.

• Dificultades de lenguaje.

• Lentitud de pensamiento.

• Percepción distorsionada del entorno.

• Dificultades para concentrarse y de memoria. Reducción del rendimiento intelectual.

• Problemas de asertividad y dificultades para tomar decisiones.

• Anhedonia franca.

7. Autopercepción-autoconcepto

• Percepción pesimista y negativa de sí mismo.

• Sentimiento de minusvalía, de culpabilidad y de falta de utilidad.

• Vacío vital.

8. Rol-relaciones

• Abandono de las responsabilidades inherentes al estatus y a los roles sociales.

• Aislamiento. Abandono de las amistades y/o distorsión en el sentido del concepto relacional, que promueve en bastantes ocasiones el alejamiento de los amigos y conocidos ("cuando nos vemos sólo cuenta penas, o reprocha que no le ayudamos"...).

PLANES DE CUIDADOS DE ENFERMERIA EN SALUD MENTAL

9. Sexualidad-reproducción

• Pérdida del interés sexual.

• Anhedonia.

• Dificultades para experimentar relaciones sexuales completas (anorgasmia, impotencia, disfunción eréctil, etc.).

10. Afrontamiento-tolerancia al estrés

• Inhibición ante el cambio.

• Incapacidad para tolerar situaciones de alto nivel de estímulos.

• Sentimientos de impotencia, inutilidad y frustración.

11. Valores-creencias

• La alteración sobre el autoconcepto y la distorsión negativa sobre el entorno conducen a menudo a un manejo de la culpabilidad como valor básico de interpretación del entorno, que en personas religiosas es interpretado como castigo merecido por todo lo que se hace.

• Tendencia a rememorar el pasado en términos negativos y culpabilizantes, produciéndose un grado significativo de desesperanza.

PLANES DE CUIDADOS DE ENFERMERIA EN SALUD MENTAL

3.2. DIAGNÓSTICOS DE ENFERMERÍA

3.2.1. *"Intolerancia a la actividad (00092)"*

- Definición. Insuficiencia de energía fisiológica o psicológica para tolerar o completar las actividades diarias requeridas o deseadas.

❖ RESULTADOS (NOC):

0005 - Tolerancia de la actividad

- INDICADORES:
  000518 - Facilidad para realizar actividades de la vida diaria (AVD)

0306 – Autocuidados: actividades instrumentales de la vida diaria (AIVD)

- INDICADORES:
  030603 - Compra las cosas necesarias para la casa
  030609 - Realiza las tareas del hogar
  030613 - Controla los asuntos de negocios

❖ INTERVENCIONES (NIC):

1805 - Ayuda con los autocuidados: AIVD

4310 - Terapia de actividad

- ACTIVIDADES:
  431003 - Ayudar a identificar y obtener los recursos necesarios para la actividad deseada.
  431006 - Ayudar al paciente a des arrollar la automotivación y la seguridad.

7180 - Asistencia e n el mantenimiento del hogar

- ACTIVIDADES:
  718008 - Implicar al paciente / familia en la decisión de las necesidades de mantenimiento en casa.
  718012 - Solicitar servicios de asistenta, si procede.

3.2.2. *"Déficit de actividades recreativas (00097)"*

- Definición. Disminución de la estimulación (del interés o de la participación) en las actividades recreativas o de ocio.

PLANES DE CUIDADOS DE ENFERMERIA EN SALUD MENTAL

❖ RESULTADOS (NOC):

1604 - Participación e n actividades de ocio

- INDICADORES:
  160401 - Participación en actividades diferentes al trabajo habitual
  160407 - Identificación de opciones recreativas
  160412 - Elige actividades de ocio de interés
  160413 - Disfruta de actividades de ocio

❖ INTERVENCIONES (NIC):

0200 - Fomento del ejercicio

- ACTIVIDADES:
  020002 - Ayudar al paciente a des arrollar un programa de ejercicios adecuado a sus necesidades
  020004 - Ayudar al paciente a integrar el programa de ejercicios en su rutina semanal.
  020006 - Controlar la res puesta del paciente al programa de ejercicios
  020009 - Incluir a la familia / cuidadores del paciente en la planificación y mantenimiento del programa de ejercicios

4310 - Terapia de actividad

- ACTIVIDADES:
  431001 - Ayudar a elegir actividades coherentes con sus posibilidades físicas, psicológicas y sociales
  431003 - Ayudar a identificar y obtener los recursos necesarios para la actividad deseada.
  431005 - Ayudar al paciente / familia a monitorizar el propio progres o den la consecución de objetivos
  431008 - Ayudar al paciente a identificar sus preferencias en cuanto a actividades
  31010 - Ayudar en las actividades físicas regulares (p.ej. deambulación, transferencias, giros y cuidado personal), s i es necesario
  431023 - Explicar el papel de la actividad física, social, espiritual y cognitiva en el mantenimiento de la funcionalidad y la salud

5100 - Potenciación de la socialización

- ACTIVIDADES:
  510001 - Animar al paciente a cambiar de ambiente, como salir a caminar o ir al cine.
  510003 - Animar al paciente a des arrollar relaciones
  510006 - Facilitar el entusiasmo y la planificación de actividades futuras por parte del paciente.
  510013 - Fomentar las actividades sociales y comunitarias

3.2.3. _"Desequilibrio nutricional por defecto (00002)"_

- Definición: Ingesta de nutrientes insuficiente para satisfacer las necesidades metabólicas.

Características definitorias	Factores relacionados
▪ Falta de interés en los alimentos	▪ Factores psicológicos

❖ RESULTADOS (NOC):

1014 – Apetito

- INDICADORES:
  101401 - Deseo de comer
  101406 - Ingesta de alimentos

❖ INTERVENCIONES (NIC):

1100 - Manejo de la nutrición

- ACTIVIDADES:
  110001 - Ajustar la dieta al es tilo del paciente, según cada caso
  110008 - Determinar la capacidad del paciente para satisfacer las necesidades nutricionales
  110009 - Determinar las preferencias de comidas del paciente.
  110020 - Proporcionar información adecuada acerca de necesidades nutricionales y modo de satisfacerlas

1120 - Terapia nutricional

- ACTIVIDADES:
  112009 - Controlar los alimentos / líquidos ingeridos y calcular la ingesta calórica diaria, si procede.

3.2.4. _"DETERIORO DE LA INTERACCIÓN SOCIAL (00052)"_

- Definición: Intercambio social inefectivo o cuantitativamente insuficiente o excesivo.

Características definitorias	Factores relacionados
▪ Observación de empleo de	▪ Barreras de comunicación

conductas de interacción social ineficaces	• Alteración de los procesos de pensamiento
• Informes familiares de cambio del es tilo o patrón de interacción	• Trastorno del autoconcepto

❖ RESULTADOS (NOC):

1502 - Habilidades de interacción social

- INDICADORES:
  150212 - Relaciones con los demás

1503 - Implicación social

- INDICADORES:
  150301 - Interacción con amigos íntimos
  150302 - Interacción con vecinos
  150303 - Interacción con miembros de la familia
  150311 - Participación en actividades de ocio

2601 - Clima social de la familia

- INDICADORES:
  260101 - Participa en actividades conjuntas
  260102 - Participa en las tradiciones de la familia
  260104 - Recibe visitas de los amigos y de todos los miembros de la familia
  260105 - Participa en actividades recreativas, acontecimientos sociales
  260109 - Se apoyan unos a otros
  260112 - Participa en el proceso de toma de decisiones
  260114 - Comparte sentimientos y problemas con los miembros de la familia
  260120 - Comparte problemas con otros

❖ INTERVENCIÓNES (NIC):

4362 - Modificación de la conducta: habilidades sociales

- ACTIVIDADES:
  436203 - Animar al paciente a manifestar verbalmente los sentimientos asociados con los problemas interpersonales.
  436214 - Proporcionar seguridad (elogios o recompensas) al paciente sobre la realización de la habilidad social objetivo.

5100 - Potenciación de la socialización

- ACTIVIDADES:
  510001 - Animar al paciente a cambiar de ambiente, como salir a caminar o ir al cine.

PLANES DE CUIDADOS DE ENFERMERIA EN SALUD MENTAL

510003 - Animar al paciente a desarrollar relaciones

5440 - Aumentar los sistemas de apoyo

- ACTIVIDADES:
  544001 - Animar al paciente a participar en las actividades sociales y comunitarias
  544004 - Determinar el grado de apoyo familiar.
  544010 - Fomentar las relaciones con personas que tengan los mismos intereses y metas
  544011 - Implicar a la familia / s eres queridos / amigos en los cuidados y la planificación.

7100 - Estimulación de la integridad familiar

- ACTIVIDADES:
  710003 - Averiguar el grado de culpabilidad que pueda sentir la familia.
  710004 - Ayudar a la familia a mantener relaciones positivas
  710008 - Comprobar las relaciones familiares actuales
  710009 - Determinar la comprensión familiar s obre las causas de la enfermedad.
  710013 - Establecer una relación de confianza con los miembros de la familia.

3.2.5. *"Riesgo de suicidio(00150)"*

- Definición: Riesgo de lesión autoinfligida que pone en peligro la vida.

Factores de riesgo
▪ Aislamiento social
▪ Expresión de deseos de morir o de acabar de una vez
▪ Desesperanza
▪ Soledad

❖ RESULTADOS (NOC):

1206 - Deseo de vivir

- INDICADORES:
  120601 - Expresión de determinación de vivir
  120604 - Expresión de sensación de control
  120605 - Expresión de sentimientos

PLANES DE CUIDADOS DE ENFERMERIA EN SALUD MENTAL

1408 - Autocontrol del impulso suicida

- INDICADORES:
  140801 - Expresa sentimientos
  140803 - Busca ayuda cuando nota sentimientos autodestructivos
  140804 - Verbaliza ideas de suicidio, si existen
  140805 - Verbaliza control de impulsos
  140810 - Revela planes de suicidio, s i existen
  140813 - No intenta suicidarse

❖ INTERVENCIONES (NIC):

4354 - Manejo de la conducta: autolesión

5230 - Aumentar el afrontamiento

- ACTIVIDADES:
  523001 - Alentar a la familia a comunicar sus sentimientos por el miembro familiar enfermo.
  523005 - Alentar la manifestación de sentimientos, percepciones y miedos
  523006 - Alentar una actitud de esperanza realista como forma de manejar los sentimientos de impotencia.
  523021 - Ayudar al paciente a resolver los problemas de una manera constructiva.

6340 - Prevención del suicidio

- ACTIVIDADES:
  634001 - Acordar con el paciente (verbalmente o por escrito), evitar intentos de autolesión, recordándolo periódicamente.
  634003 - Animar al paciente a bus car a los cuidadores para hablar, cuando se produzca el deseo de autolesión.
  634004 - Ayudar al paciente a identificar las personas y los recursos de apoyo (clero, familia, proveedores de cuidados) :
  634009 - Considerar la hospitalización del paciente que tiene un alto riesgo de conducta suicida.
  634012 - Determinar existencia y grado del riesgo de suicidio.
  634014 - Enseñar al paciente estrategias para enfrentarse a los problemas (entrenamiento en asertividad, control de los actos impulsivos, relajación mus cular progresiva, etc.), si procede.
  634020 - Facilitar el apoyo del paciente por parte de la familia y los amigos.
  634023 - Iniciar precauciones para evitar el suicidio (observación y vigilancia continua, favorecer entorno protector), en pacientes con alto riesgo.

6654 - Vigilancia: seguridad

- ACTIVIDADES:
  665403 - Determinar el grado de vigilancia requerido por el paciente en función del nivel de funcionamiento y de los peligros pres entes en el ambiente.

665405 - Poner en marcha y mantener el estado de precaución para el paciente con alto riesgo de exposición a los peligros específicos del ambiente de cuidados.
665407 - Vigilar el ambiente s i hay peligro potencial para s u seguridad.

3.2.6. *"Desesperanza (00124)"*

- Definición: Estado subjetivo en el que la persona percibe pocas o ninguna alternativa o elecciones personales, y es incapaz de movilizar su energía en su propio provecho.

Características definitorias	Factores relacionados
Aumento o disminución del sueño	Prolongada restricción de la actividad que crea aislamiento
Disminución de la verbalización	
	Declive o deterioro del estado fisiológico
Disminución de la res puesta a estímulos	
	Abandono
Disminución de las emociones	
Pasividad	
Falta de iniciativa	
Falta de implicación en sus cuidados	
Encogerse de hombros en res puesta a la persona que le habla	
Disminución del apetito	

- ❖ RESULTADOS (NOC):

0006 - Energía psicomotora

- INDICADORES:
  000601 - Muestra afecto apropiado
  000604 - Muestra apetito normal
  000605 - Cumple con la medicación y el régimen terapéutico
  000606 - Muestra interés por lo que le rodea
  000607 - Ideas
  000608 - Muestra un nivel de energía apropiado
  000609 - Muestra capacidad para realizar las tareas

1201 - Esperanza

- INDICADORES:
  120101 - Expresión de una orientación futura positiva

120102 - Expresión de confianza
120106 - Expresión de optimismo

1208 - Nivel de depresión

- INDICADORES:
  120801 - Estado de ánimo deprimido
  120802 - Pérdida de interés por actividades
  120803 - Ausencia de placer con actividades
  120804 - Concentración alterada
  120805 - Expresión de culpa inapropiada o excesiva
  120807 - Expresión de sentimientos de indiferencia
  120809 - Insomnio o hipersomnio
  120810 - Cambio importante de peso
  120811 - Cambio importante de apetito
  120812 - Pensamientos recurrentes de muerte o suicidio
  120814 - Tristeza
  120817 - Desesperación
  120818 - Soledad
  120819 - Baja autoestima
  120820 - Pérdida de la libido
  120825 - Escasa higiene / cuidado personal
  120827 - Eventos negativos de la vida
  120828 - Culpabilidad excesiva
  120834 - Abuso del alcohol

1409 - Autocontrol de la depresión

- INDICADORES:
  140903 - Identifica los factores precursores de la depresión
  140906 - Refiere dormir de forma adecuada
  140907 - Refiere mejoría de la libido
  140909 - Refiere mejoría del estado de ánimo
  140912 - Toma la medicación prescrita
  140914 - Cumple el programa terapéutico
  140916 - Disminuye el consumo de alcohol
  140918 - Mantiene el aseo y la higiene personal

❖ INTERVENCIONES (NIC):

4470 - Ayuda e n la modificación de sí mismo

- ACTIVIDADES:
  447001 - Animar al paciente a ajustar el plan de puesta a punto para fomentar el cambio de conducta, s i fuera necesario (tamaño de los pasos o recompensas).

4920 - Escucha activa

- ACTIVIDADES:

492008 - Estar atento a las palabras que s e evitan, as í como los mensajes no verbales que acompañan a las palabras expresadas.
492009 - Estar atento al tono, tiempo, volumen, entonación o inflexión de la voz.
492011 - Favorecer la expresión de sentimientos.

5240 - Asesoramiento

- ACTIVIDADES:
524009 - Establecer metas
524010 - Establecer una relación terapéutica basada en la confianza y el respeto.
524011 - Expresar oralmente las discrepancias de los sentimientos y conducta del paciente.
524013 - Favorecer la expresión de sentimientos.
524014 - Fomentar la sustitución de hábitos indeseados por hábitos deseados.
524017 - Practicar técnicas de reflexión y clarificación para facilitar la expresión de preocupaciones.

5270 - Apoyo emocional

- ACTIVIDADES:
527001 - Apoyar el uso de mecanismos de defensa adecuados.
527002 - Ayudar al paciente a que exprese los sentimientos de ansiedad, ira o tristeza.
527006 - Es cuchar las expresiones de sentimientos y creencias.
527013 - Proporcionar ayuda en la toma de decisiones.
527014 - Remitir a servicios de asesoramiento, si s e precisa.

5310 - Dar esperanza

- ACTIVIDADES:
531006 - Desarrollar un plan de cuidados que implique un grado de consecución de metas, yendo des de metas s encillas hasta otras más complejas.
531007 - Des tacar el mantenimiento de relaciones, como mencionar los nombres de los s eres queridos al paciente.
531010 - Evitar disfrazar la verdad.
531014 - Fomentar las relaciones terapéuticas con los seres queridos.
531015 - Implicar al paciente activamente en sus propios cuidados.
531016 - Informar al paciente acerca de s i la situación actual constituye un estadio temporal.
531017 - Mostrar esperanza reconociendo la valía intrínseca del paciente y viendo la enfermedad del paciente sólo como una faceta de la persona.

5400 - Potenciación de la autoestima

- ACTIVIDADES:
540002 - Animar al paciente a evaluar s u propia conducta.
540003 - Animar al paciente a identificar sus virtudes.
540004 - Animar al paciente a que acepte nuevos desafíos.
540005 - Ayudar a establecer objetivos realistas para conseguir una autoestima más alta.

PLANES DE CUIDADOS DE ENFERMERIA EN SALUD MENTAL

540020 - Fomentar el contacto visual al comunicarse con otras personas.

540025 - Observar los niveles de autoestima, si procede.

540026 - Proporcionar experiencias que aumenten la autonomía del paciente, si procede.

5440 - Aumentar los sistemas de apoyo

- ACTIVIDADES:

544004 - Determinar el grado de apoyo familiar.

544006 - Determinar las barreras al uso de los sistemas de apoyo.

544007 - Determinar los sistemas de apoyo actualmente en uso.

544011 - Implicar a la familia / seres queridos / amigos en los cuidados y la planificación.

PLANES DE CUIDADOS DE ENFERMERIA EN SALUD MENTAL

4. TRASTORNO DE LA CONDUCTA ALIMENTARIA

4.1. VALORACIÓN POR PATRONES FUNCIONALES DE SALUD

1. Percepción-control de la salud

• Miedo intenso a ganar peso aunque se esté por debajo del peso normal.

• Alteración de la percepción del peso y preocupación extrema por la silueta.

• Prácticas para controlar el peso: dietas severas, ejercicio físico intenso, uso de laxantes, vómitos tras la ingesta de alimentos, etc.

2. Nutricional-metabólico

• Errores dietéticos.

• Realización continúa de dieta autoimpuesta.

• Refieren ausencia de apetito.

• Niegan la sensación de hambre.

• Conocen el valor calórico de los alimentos que ingiere.

• Prefieren los alimentos bajos en calorías.

• Eliminan alimentos de su dieta transformándola cada vez en más estricta y monótona.

• Metabolismo basal disminuido.

• Pérdida de peso con IMC inferior a 20.

• Refieren sensación de plenitud aunque haya ingerido pocos alimentos.

• Compensaciones de las comidas con actividad física o algún elemento purgativo (vómitos, laxantes, etc.).

• Presentan náuseas si se les obliga a comer.

• La familia indica que el paciente prefiere comer solo, que miente sobre lo que ha comido o que esconde los alimentos o los tira a la basura.

3. Eliminación

• Estreñimiento, siendo general el uso de laxantes que originan un cuadro crónico por disminución de la motilidad intestinal con presencia de gases, distensión abdominal, retortijones o dolores de tipo cólico.

• Uso de diuréticos con alteración en el equilibrio hidroelectrolítico, que se suele manifestar como fatiga, debilidad y espasmos musculares.

• Puede producirse un cuadro de deshidratación.

• Las personas con bulimia nerviosa pueden presentar vómitos autoinducidos (que suelen ser negados) pero que se manifiestan como dolor de garganta, deterioro del esmalte dental, tinción en la yema de los dedos, etc.

4. Actividad-ejercicio

• Presentan una aumento de la actividad física de forma obsesiva y presentando ansiedad e irritabilidad cuando se interrumpe por cualquier causa su programa.

5. Sueño-descanso

• Insomnio, que puede estar relacionado con el deseo de no disminuir el gasto calórico o con la ansiedad que caracteriza este cuadro clínico.

• Sueños relacionados con la comida.

• Especialmente las personas con bulimia pueden realizar atracones de comida de carácter compulsivo por las noches y después tener vómitos, lo que les genera más ansiedad e insomnio.

6. Cognitivo-perceptivo

• Distorsiones cognitivas o errores en el proceso de la información que activan esquemas y pensamientos negativos y favorecen que se perciban los alimentos como amenazas para la silueta y el peso.

• Los alimentos pueden considerarse como estímulos fóbicos.

• Las distorsiones cognitivas más frecuentes son los pensamientos polarizados, que denotan una personalidad rígida y actitudes extremistas.

• Pensamientos irracionales como la negativa a admitir la gravedad de la pérdida de peso y la propia enfermedad, la sensación de hambre y las consecuencias fisiológicas de la desnutrición.

PLANES DE CUIDADOS DE ENFERMERIA EN SALUD MENTAL

• Ansiedad fóbica o temor específico que se relaciona con la ingesta de alimentos y el temor al sobrepeso.

• Puede acompañarse de estados depresivos.

• Dificultad para expresar sentimientos y pensamientos.

7. Autopercepción – autoconcepto

• Valoración negativa del aspecto de su imagen corporal.

• Evaluación distorsionada respecto a su peso y silueta (relatan la sensación de estar gordo a pesar de tener un peso normal o por debajo de lo normal); a veces esta evaluación no es general sino que se limita a determinadas zonas del cuerpo como caderas, abdomen, etc.

• Tendencia a no aceptarse a sí mismas, en la búsqueda del perfeccionismo. Aspiran a parecerse a modelos estéticos ideales.

8. Rol-relaciones

• Búsqueda constante de disculpas para no compartir las comidas familiares.

• Falta de interés por las relaciones sociales. Se siente incomprendida.

• Pueden aparecer conflictos en la interacción con la familia.

• Automarginación por saberse considerada como una persona enferma para los demás, especialmente en las reuniones sociales en las que hay comida.

9. Sexualidad-reproducción

• La percepción deteriorada de su propio cuerpo lleva aparejada la disminución del interés sexual.

• Suelen relatar inactividad sexual.

• Amenorrea.

10. Afrontamiento-tolerancia al estrés

• Evalúa como amenaza, daño o perjuicio la ingesta de alimentos.

• Comportamiento obsesivo compulsivo para mantener el control de su peso y silueta.

• Ansiedad y dificultades para controlar sus emociones cuando no puede ejercer el control deseado.

11. Valores-creencias

• Creencia arraigada de que la delgadez es necesaria para la aceptación social y el éxito.

PLANES DE CUIDADOS DE ENFERMERIA EN SALUD MENTAL

4.2. DIAGNÓSTICOS DE ENFERMERÍA

4.2.1. *"Negación ineficaz (00072)"*

- Definición: Intento consciente o inconsciente de pasar por alto el conocimiento o significado de un acontecimiento para reducir la ansiedad o el temor en detrimento de la salud.

Características definitorias	Factores relacionados
▪ Incapacidad para admitir el impacto de la enfermedad en el estilo de vida ▪ Minimiza los síntomas ▪ Muestra de emociones inapropiadas ▪ No percibe la relevancia personal de los síntomas ▪ No percibe la relevancia personal del peligro ▪ Rechaza los cuidados sanitarios en detrimento de la salud	▪ Amenaza de inadecuación al afrontar emociones intensas ▪ Ansiedad ▪ Falta de competencia en el uso de mecanismos de afrontamiento efectivos ▪ Falta de control sobre la situación vital

❖ RESULTADOS (NOC):

1300 – Aceptación: estado de salud

- INDICADORES:
  130004 - Demostración de autorrespeto positivo
  130007 - Expresa sentimientos sobre el estado de salud
  130014 - Realización de tareas de cuidados

1704 - Creencias sobre la salud: percepción de amenaza

- INDICADORES:
  170401 - Amenaza percibida para la salud
  170404 - Preocupación s obre enfermedad o lesión
  170405 - Preocupación s obre complicaciones
  170406 - Gravedad percibida de la enfermedad o lesión
  170409 - Percepción de que el tras torno puede ser de larga duración
  170412 - Impacto percibido s obre el estado funcional
  170414 - Percepción de amenaza de muerte

PLANES DE CUIDADOS DE ENFERMERIA EN SALUD MENTAL

❖ INTERVENCIONES (NIC):

5240 – Asesoramiento

- ACTIVIDADES:
  524001 - Ayudar al paciente a identificar el problema o la situación causante del tras torno.
  524007 - Disponer de intimidad para asegurar la confidencialidad.
  524009 - Establecer metas
  524010 - Establecer una relación terapéutica basada en la confianza y el respeto.
  524013 - Favorecer la expresión de sentimientos
  524014 - Fomentar la sustitución de hábitos indeseados por hábitos deseados.

5602 - Enseñanza: proceso de enfermedad

- ACTIVIDADES:
  560205 - Describir el proceso de la enfermedad.
  560206 - Describir las posibles complicaciones crónicas, si procede.
  560207 - Describir los signos y síntomas comunes de la enfermedad, si procede.
  560218 - Proporcionar información a la familia / s er querido acerca de los progresos del paciente, según proceda.
  560220 - Proporcionar información al paciente acerca de la enfermedad, si procede.
  560222 - Remitir al paciente a los centros / grupos de apoyo comunitarios locales, si se considera oportuno.

4.2.2. *"Desequilibrio nutricional por defecto (00002)"*

- Definición: Ingesta de nutrientes insuficiente para satisfacer las necesidades metabólicas.

Características definitorias	Factores relacionados
▪ Aversión a comer	▪ Factores psicológicos
▪ Conceptos erróneos	▪ Incapacidad para ingerir los alimentos
▪ Incapacidad subjetiva para ingerir alimentos	
▪ Informes de ingesta inferior a las raciones diarias recomendadas	
▪ Peso corporal inferior en un 20% o más al peso ideal	

PLANES DE CUIDADOS DE ENFERMERIA EN SALUD MENTAL

❖ RESULTADOS (NOC):

1004 - Estado nutricional

- INDICADORES:
  100402 - Ingestión alimentaria
  100405 - Relación peso / talla

1008 - Estado nutricional: ingestión alimentaria y de líquidos

- INDICADORES:
  100801 - Ingestión alimentaria oral
  100802 - Ingestión alimentaria por sonda

❖ INTERVENCIONES (NIC):

1030 - Manejo de los tras tornos de la alimentación

- ACTIVIDADES:
  103001 - Acompañar al paciente al baño durante los momentos de observación establecidos después de las comidas / tentempiés.
  103002 - Acordar una conducta con el paciente para provocar las conductas de ganancia o mantenimiento de pe o deseadas.
  103005 - Apoyar la ganancia de peso y las conductas que la promueven.
  103006 - Ayudar al paciente (y seres queridos, si procede) a examinar y resolver cuestiones personales que puedan contribuir a los tras tornos de alimentación.
  103007 - Ayudar al paciente a des arrollar la autoestima compatible con un peso corporal sano.
  103008 - Ayudar al paciente a evaluar adecuadamente las consecuencias de las opciones de alimentación y actividad física adoptadas.
  103012 - Controlar la ingesta y eliminación de líquidos, si procede.
  103014 - Dar la oportunidad de elegir de forma limitada el ejercicio y la alimentación, a medida que tiene lugar la ganancia de peso de una manera deseable.
  103017 - Determinar el margen aceptable de variación de peso en relación al objetivo marcado.
  103018 - Disponer un programa de ejercicios supervisado, cuando corresponda.
  103021 - Establecer la cantidad de ganancia de peso diario que s e desee.
  103026 - Iniciar la fase de mantenimiento del tratamiento cuando el paciente haya conseguido el peso marcado como objetivo y haya demostrado fehacientemente conductas de alimentación adecuadas durante el tiempo establecido.
  103027 - Limitar el tiempo que pasa en el baño en los periodos que en que no hay observación.
  103028 - Limitar la actividad física, si es necesario, para promover la ganancia de peso.
  103029 - Observar al paciente antes y después de las comidas / tentempiés para asegurar que se consigue y mantiene la ingesta adecuada.
  103030 - Pesar diariamente (a la misma hora del día y después de evacuar).
  103031 - Proporcionar apoyo (terapia de relajación, ejercicios de sensibilización y oportunidades de hablar de los sentimientos) a medida que el paciente incorpora nuevas conductas de alimentación, cambia su imagen corporal y s u es tilo de vida.

103033 - Remediar las consecuencias de la pérdida de peso, de las conductas que la provoquen y la falta de ganancia de peso.
103037 - Vigilar los parámetros fisiológicos (signos vitales y niveles de electrolitos) que sean necesarios.

4.2.3. *"Trastorno de la imagen corporal (00118)"*

- Definición. Confusión en la imagen mental del yo físico.

Características definitorias	Factores relacionados
• Conductas de evitación del propio cuerpo	• Enfermedad
	• Perceptuales
• Expresión de sentimientos que reflejan una alteración de la vis ión del propio cuerpo en cuanto a su aspecto, estructura o función	• Psicosociales
• Miedo al rechazo de los otros	
• Ocultamiento intencionado de una parte corporal	
• Sentimientos negativos s obre el cuerpo (por ejemplo, sentimientos de desesperación, desesperanza, impotencia)	

❖ RESULTADOS (NOC):

1200 - Imagen corporal

- INDICADORES:
  120001 - Imagen interna de sí mismo
  120002 - Congruencia entre realidad corporal, ideal corporal e imagen corporal
  120005 - Satisfacción con el aspecto corporal

1205 – Autoestima

- INDICADORES:
  120501 - Verbalización de autoaceptación
  120512 - Aceptación de los cumplidos de los demás
  120519 - Sentimientos sobre s u propia persona

❖ INTERVENCIONES (NIC):

5220 - Potenciación de la imagen corporal

- ACTIVIDADES:
  522001 - Ayudar a determinar la influencia de los grupos a los que pertenece en la percepción del paciente de su imagen corporal actual.
  522004 - Ayudar al paciente a discutir los cambios causados por la pubertad, s i resulta oportuno.
  522010 - Ayudar al paciente con riesgo de padecer anorexia o bulimia a des arrollar unas expectativas de imagen corporal más realistas.
  522014 - Determinar las expectativas corporales del paciente, en función del estadio de desarrollo.
  522015 - Determinar las percepciones del paciente y de la familia s obre la alteración de la imagen corporal frente a la realidad.
  522018 - Determinar si un cambio de imagen corporal ha contribuido a aumentar el aislamiento social.

5390- Potenciación de la conciencia de sí mismo

- ACTIVIDADES:
  539007 - Ayudar al paciente a identificar las conductas que sean autodestructivas.
  539009 - Ayudar al paciente a identificar las situaciones que precipiten su ansiedad.
  539010 - Ayudar al paciente a identificar los atributos positivos de sí mismo.
  539014 - Ayudar al paciente a reexaminar las percepciones negativas que tiene de sí mismo.
  539015 - Ayudar al paciente a ser consciente de sus frases negativas sobre sí mismo.

5450 - Terapia de grupo

4.2.4. *"Baja autoestima situacional (00120)"*

- Definición. Desarrollo de una percepción negativa de la propia valía en respuesta a una situación actual (especificar).

Características definitorias	Factores relacionados
▪ Conducta no asertiva	▪ Alteración de la imagen corporal
▪ Evaluación de sí mismo como incapaz de afrontar la situación o los acontecimientos	▪ Cambios del rol social
	▪ Deterioro funcional
▪ Expresiones de desesperanza	▪ Falta de reconocimiento o recompensas
▪ Verbalizaciones autonegativas	▪ Rechazo

PLANES DE CUIDADOS DE ENFERMERIA EN SALUD MENTAL

1205 – Autoestima

- INDICADORES:
  120501 - Verbalización de autoaceptación
  120507 - Comunicación abierta
  120508 - Cumplimiento de los roles significativos personales

❖ INTERVENCIONES (NIC):

5400 - Potenciación de la autoestima

❖ ACTIVIDADES:
540002 - Animar al paciente a evaluar su propia conducta.
540003 - Animar al paciente a identificar sus virtudes.
540005 - Ayudar a establecer objetivos realistas para conseguir una autoestima más alta.
540010 - Ayudar al paciente a reexaminar las percepciones negativas que tiene de sí mismo.
540011 - Comprobar la frecuencia de las manifestaciones negativas s obre sí mismos.
540017 - Explorar las razones de la autocrítica o culpa.
540021 - Instruir a los padres s obre la importancia de su interés y apoyo en el desarrollo de un concepto positivo de sí mismos para sus hijos.
540025 - Observar los niveles de autoestima, si procede.

4.2.5. *"Ansiedad (00146)"*

- Definición: Vaga sensación de malestar o amenaza acompañada de una respuesta autónoma (cuyo origen con frecuencia es desconocido para el individuo). Sentimiento de aprensión causado por la anticipación de un peligro. Es una señal de alerta que advierte de un peligro inminente y que permite al individuo tomar medidas para afrontarlo.

Características definitorias	Factores relacionados
▪ Atención centrada en el yo	▪ Amenaza al autoconcepto
▪ Anorexia	▪ Conflictos inconscientes s obre
▪ Angustia	las metas esenciales de la vida
▪ Insomnio	▪ Crisis situacionales
▪ Inquietud	▪ Estrés
▪ Incertidumbre	
▪ Disminución de la habilidad para solucionar problemas	
▪ Conciencia de los síntomas fisiológicos	
▪ Nerviosismo	
▪ Lanzar miradas alrededor	
▪ Irritabilidad	
▪ Preocupación	

PLANES DE CUIDADOS DE ENFERMERIA EN SALUD MENTAL

❖ RESULTADOS (NOC):

1211 - Nivel de ansiedad

- INDICADORES:
  121102 - Impaciencia
  121108 - Irritabilidad
  121128 - Abandono
  121129 - Tras torno de los patrones del sueño
  121131 - Cambio en las pautas de alimentación

1300 - Aceptación: estado de salud

- INDICADORES:
  130007 - Expresa sentimientos sobre el estado de salud
  130008 - Reconocimiento de la realidad de la situación de salud
  130011 - Toma de decisiones relacionadas con la salud
  130013 - Renovación de un sentimiento de ganancia
  130016 - Mantiene las relaciones

❖ INTERVENCIONES (NIC):

5240 – Asesoramiento

5270 - Apoyo emocional

- ACTIVIDADES:
  527002 - Ayudar al paciente a que exprese los sentimientos de ansiedad, ira o tristeza.
  527005 - Comentar las consecuencias de profundizar en el sentimiento de culpa o vergüenza.
  527007 - Facilitar la identificación por parte del paciente de es quemas de res puesta habituales a los miedos.
  527010 - No exigir demasiado el funcionamiento cognoscitivo cuando el paciente es té enfermo o fatigado.
  527011 - Permanecer con el paciente y proporcionar sentimientos de seguridad durante los periodos de más ansiedad.

5820 - Disminución de la ansiedad

- ACTIVIDADES:
  582003 - Administrar medicamentos que reduzcan la ansiedad, s i están prescritos.
  582005 - Animar la manifestación de sentimientos, percepciones y miedos.
  582007 - Ayudar al paciente a identificar las situaciones que precipitan la ansiedad.
  582010 - Crear un ambiente que facilite la confianza.
  582013 - Establecer actividades recreativas encaminadas a la reducción de tensiones.
  582016 - Fomentar la realización de actividades no competitivas, si resulta adecuado.

PLANES DE CUIDADOS DE ENFERMERIA EN SALUD MENTAL

5. TRANTORNO ESQUIZOFRÉNICO

5.1. VALORACIÓN POR PATRONES FUNCIONALES DE SALUD

1. **Percepción – manejo de la salud**

• Presentan un aspecto físico descuidado.

• No conciencia de enfermedad.

• Incumplimiento frecuente de los tratamientos.

2. **Nutricional - metabólico**

• Patrón de alimentación desorganizado, irregular. Ingesta de alimentos de forma rápida y sin masticar.

3. **Eliminación**

• Estreñimiento asociado a efectos secundarios del tratamiento, la dieta y el sedentarismo, y, a veces, también diarreas.

• Pueden presentar incontinencia sobretodo en la fase catatónica.

4. **Actividad – ejercicio**

• Inactividad, sedentarismo.

• Parkinsonismo y rigidez muscular en relación a los neurolépticos.

• Psicomotricidad alterada según las formas, desde inhibición o catatonismo hasta agitación en las crisis psicóticas.

5. **Sueño - descanso**

• Alteración del sueño, suelen dormir pocas horas, a destiempo, acompañadas a veces de actos rituales imprescindibles para iniciar el periodo de descanso nocturno.

PLANES DE CUIDADOS DE ENFERMERIA EN SALUD MENTAL

• Sedación y somnolencia por el efecto de los psicofármacos.

6. Cognitivo - perceptivo

• Actitud respecto al entorno: desrealización

• Distraibilidad

• Percepción alterada (alucinaciones auditivas y visuales) e ideas delirantes.

• Memoria alterada.

• Contenido del pensamiento: ideas delirantes de perjuicio

• Presentan un patrón de conducta repetitivo, regresivo y retraído o inhibido.

• Pensamiento desorganizado, incoherente.

• Expresión del lenguaje: lento, escaso y bajo.

7. Autopercepción-autoconcepto

• Anhedonia

• Pueden presentar sobrevaloración de logros y capacidades en consonancia a los delirios o disminución de la autoestima.

• Pérdida de los límites del yo, incapacidad para percibir o diferenciar el concepto de sí mismo de los elementos del medio exterior

8. Rol-relaciones

• Malas relaciones interpersonales

• Dificultad para entablar comunicación verbal.

9. Sexualidad-reproducción

• Conflictos sexuales

• Trastornos menstruales

10. Afrontamiento-tolerancia al estrés

• Ansiedad en aumento, que puede llevar a la agitación

• Modos de afrontamiento dirigidos a la emoción (negación, temor, ansiedad...).

11. Valores-creencias

• Planes de futuro poco realistas

PLANES DE CUIDADOS DE ENFERMERIA EN SALUD MENTAL

5.2. DIAGNÓSTICOS DE ENFERMERÍA

5.2.1. *"Trastorno de los procesos de pensamiento (00130)"*

- Definición: trastorno de las operaciones y actividades cognitivas.

Características definitorias
Déficit o problemas de memoria
Interpretación inexacta del entorno
Hipervigilancia
Disonancia cognitiva
Pensamiento inadecuado no basado en la realidad

❖ RESULTADOS (NOC):

0900 - Cognición.

- INDICADORES:
  090001 - Se comunica de forma clara y adecuada para su edad y capacidad
  090003 - Atiende
  090004 - Se concentra
  090007 - Manifiesta memoria reciente

0901 - Orientación cognitiva

- INDICADORES:
  090101 - Se autoidentifica
  090102 - Identifica a los seres queridos

1202 – Identidad

- INDICADORES:
  120201 - Verbaliza afirmaciones de identidad personal
  120202 - Muestra una conducta verbal y no verbal congruente sobre sí mismo
  120204 - Diferencia el yo del medio ambiente
  120205 - Diferencia el yo de los otros seres
  120206 - Percibe el ambiente adecuadamente
  120212 - Establece lazos personales

1403 - Autocontrol del pensamiento distorsionado

- INDICADORES:
  140302 - No hace cas o a alucinaciones o ideas delirantes
  140303 - No responde a alucinaciones o ideas delirantes
  140304 - Verbaliza frecuencia de alucinaciones o ideas delirantes
  140305 - Des cribe el contenido de alucinaciones o ideas delirantes Escala:

140306 - Refiere disminución de alucinaciones o ideas delirantes
140307 - Solicita ratificación de la realidad
140309 - Interacciona con los demás de forma adecuada
140310 - Su conducta indica una interpretación exacta del ambiente
140311 - Mantiene patrones de flujo de pensamiento lógico
140312 - Expone pensamiento basado en la realidad
140313 - Expone un contenido del pensamiento apropiado
140314 - Expone capacidad para adoptar ideas de los demás

❖ INTERVENCIONES (NIC):

4700 - Reestructuración cognitiva

4820 - Orientación de la realidad

- ACTIVIDADES:
482002 - Dar órdenes de una en una.
482003 - Dirigirse al paciente por su nombre y acercarse lentamente, s in prisas. Hablarle con suavidad y a un volumen adecuado.
482004 - Disponer siestas adecuadas durante el día.
482005 - Disponer un enfoque consistente de la situación (firmeza amable, amistad activa y pasiva, hechos concretos y nada de exigencias) al interactuar con el paciente y que refleje sus necesidades de capacidades particulares.
482006 - Eliminar los estímulos que creen percepciones equivocadas en un paciente particular (cuadros en la pared y televisión).
482007 - Establecer un ambiente de baja estimulación para el paciente con des orientación debido a una sobre estimulación.
482009 - Etiquetar los artículos del ambiente para favorecer su reconocimiento.
482011 - Evitar las demandas del pensamiento abstracto si el paciente sólo puede pensar en términos concretos.
482016 - Interrumpir las confabulaciones cambiando de tema o respondiendo al sentimiento o tema, en lugar de al contenido de la manifestación verbal.
482017 - Involucrar al paciente en actividades concretas "aquí y ahora" (AVD) que se centren en algo exterior a sí mismo y que sea concreto y orientado en la realidad.
482018 - Limitar la necesidad de toma de decisiones s i con ello se frustra / confunde al paciente.
482022 - Permitir el acceso a las noticias de la actualidad, cuando corresponda.
482023 - Permitir el acceso a objetos familiares, cuando sea posible.
482024 - Preparar al paciente para los cambios que s e avecinen en la rutina y ambiente habitual, antes de que se produzcan.
482025 - Proporcionar objetivos que simbolicen la identidad de género (monedero o gorra).
482029 - Utilizar señales ambientales (signos, cuadros, relojes, calendarios y codificación en color del ambiente) para estimular la memoria, reorientar y fomentar una conducta adecuada.
482030 - Utilizar señales con dibujos para favorecer el uso adecuado de los objetos.

PLANES DE CUIDADOS DE ENFERMERIA EN SALUD MENTAL

5390 - Potenciación de la conciencia de sí mismo

6440 - Manejo del delirio

- ACTIVIDADES:
644001 - Administrar los medicamentos prescritos para la ansiedad o agitación.
644004 - Declarar la propia percepción de forma calmada, que de seguridad y sin discusiones.
644005 - Dirigirse al paciente por su nombre, acercarse a él lentamente y de frente, mantener contacto visual, emplear frases simples.
644006 - Disponer limitación física, si es necesario.
644007 - Disponer un ambiente adecuado de supervisión y vigilancia que permita actuaciones terapéuticas, si es necesario.
644009 - Evitar frustrar al paciente con preguntas de orientación que no pueda responder.
644010 - Facilitar información en pequeñas dosis y con frecuentes periodos de descanso.
644011 - Fomentar uso de dispositivos de ayuda que aumenten la activación sensorial (gafas, audífonos, dentadura postiza, etc.).
644012 - Fomentar visitas de seres queridos.
644013 - Identificar factores etiológicos del delirio y poner en marcha terapias para eliminarlos o reducirlos.
644014 - Informar al paciente sobre personas, tiempo y lugar (estimular memoria). Disponer cuidadores que resulten familiares.
644015 - Limitar la necesidad de toma de decisiones s i frustra o confunde al paciente.
644017 - Monitorizar el estado neurológico sobre una base progresiva.
644018 - Permitir que el paciente mantenga rituales que limiten la ansiedad.
644019 - Prepararle para los cambios de rutina y de ambiente habituales que s e avecinan antes de que se produzcan.
644024 - Reconocer verbalmente los miedos y sentimientos del paciente.

6450 - Manejo de ideas ilusorias

- ACTIVIDADES:
645001 - Animar al paciente a que fundamente las creencias ilusorias con personas de confianza (prueba de realidad).
645003 - Ayudar al paciente a evitar o eliminar los factores es tres antes que precipiten las ilusiones.
645004 - Ayudar al paciente a identificar situaciones socialmente inadecuadas para discutir las ilusiones.
645005 - Centrar la discusión en sentimientos adyacentes, y no en el contenido de la ilusión ("parece como si usted tuviera miedo").
645007 - Dar al paciente la oportunidad de discutir sus ilusiones con el cuidador.
645009 - Disponer la comodidad y seguridad del paciente y de los demás, cuando aquel sea incapaz de controlar s u conducta.
645010 - Educar a la familia y s eres queridos s obre la manera de tratar con el paciente que experimenta ilusiones, as í como de la enfermedad de base (esquizofrenia, delirio o depres ión), cuando sea el caso
645011 - Establecer actividades recreativas y de diversión que requieran atención o habilidad.
645012 - Evitar discutir s obre creencias falsas; establecer dudas concretas.

PLANES DE CUIDADOS DE ENFERMERIA EN SALUD MENTAL

645013 - Evitar excesivos estímulos ambientales.
645014 - Evitar reforzar ideas ilusorias.
645015 - Facilitar des canso y nutrición adecuados.
645016 - Informar sobre, y administrar, la medicación prescrita, observando sus efectos terapéuticos y secundarios
645020 - Realizar seguimiento de ilusiones con presencia de contenidos potencialmente dañinos o violentos para el paciente.
645021 - Tranquilizar al paciente.
645022 - Vigilar estado psíquico del paciente.

6510 - Manejo de las alucinaciones

- ACTIVIDADES:
651001 - Administrar medicamentos antipsicóticos y ansiolíticos prescritos.
651002 - Animar al paciente a que compruebe las alucinaciones con otras personas de confianza (prueba de realidad).
651003 - Animar al paciente a que des arrolle un control / responsabilidad de su propia conducta, si resulta oportuno.
651004 - Animar al paciente a que discuta los sentimientos e impulsos, en lugar de actuar sobre ellos.
651006 - Centrar discusión en contenidos adyacentes y no en el contenido de las alucinaciones ("parece como s i tuviera miedo").
651007 - Enseñar a la familia cómo tratar al paciente que sufre alucinaciones.
651009 - Evitar discutir con el paciente s obre la validez de las alucinaciones.
651011 - Implicar al paciente en actividades basadas en la realidad que puedan distraerle de las alucinaciones (escuchar música, etc.).
651012 - Mantener un ambiente de seguridad.
651013 - Mantener una rutina coherente.
651015 - Monitorizar la capacidad del paciente para el autocuidado y ayudarle cuando sea necesario.
651016 - Prestar atención a las alucinaciones para ver si su contenido es violento o dañino para el paciente.
651017 - Proporcionar al paciente la oportunidad de comentar sus alucinaciones y a que exprese sus sentimientos de forma adecuada.
651018 - Proporcionar el nivel de vigilancia / supervisión adecuado para controlar al paciente.
651019 - Proporcionar enseñanza al paciente y familia sobre los medicamentos, y observar sus efectos terapéuticos y secundarios.
651020 - Proporcionar información al paciente y familia sobre la enfermedad que ocasiona las alucinaciones (delirio, esquizofrenia, depresión, etc.), cuando a í sea.
651021 - Proporcionar seguridad y comodidad al paciente y a los demás cuando el paciente no sea capaz de controlar s u conducta.
651022 - Registrar las conductas del paciente que indiquen alucinaciones.
651024 - Si la medicación es causa de las alucinaciones, consultar su suspensión.
651025 - Vigilar y regular el nivel de actividad y estimulación en el ambiente.

PLANES DE CUIDADOS DE ENFERMERIA EN SALUD MENTAL

5.2.2. *"Riesgo de violencia dirigida a otros (00138)"*

- Definición. Riesgo de conductas en la que la persona demuestre que puede ser física, emocional o sexualmente lesiva para otros.

Factores de riesgo
▪ Sintomatología psicótica (p. ej., auditiva, visual, alucinaciones en forma de órdenes, delusiones paranoides, procesos de pensamiento vagos , erráticos , ilógicos)

❖ RESULTADOS (NOC):

1401 - Autocontrol de la agresión

- INDICADORES:
  140101 - Se abstiene de arrebatos verbales
  140102 - Se abstiene de violar el espacio personal de los demás
  140103 - Se abstiene de golpear a los demás
  140106 - Se abstiene de destruir la propiedad
  140108 - Comunica sentimientos de forma apropiada
  140109 - Verbaliza el control de los impulsos
  140112 - Identifica situaciones que des encadenan hostilidad
  140113 - Identifica responsabilidad para mantener el control
  140114 - Identifica cuando se siente agresivo
  140115 - Identifica alternativas a la agresión
  140118 - Autocontrola conductas agresivas
  140119 - Mantiene el control sin supervisión

1405 - Autocontrol de los impulsos

- INDICADORES:
  140501 - Identifica conductas impulsivas
  140502 - Identifica sentimientos que conducen a acciones
  140503 - Identifica conductas que conducen a acciones
  140504 - Identifica consecuencias de las acciones impulsivas propias y de los demás
  140507 - Verbaliza control de los impulsos
  140509 - Identifica sistemas de apoyo social
  140510 - Acepta ser remitido para tratamiento
  140511 - Confirma el contrato para el control de conducta
  140512 - Mantiene el autocontrol sin supervisión

❖ INTERVENCIONES (NIC):

4370 - Entrenamiento para controlar los impulsos

- ACTIVIDADES:
  437001 - Animar al paciente a practicar la solución de problemas en situaciones sociales e interpersonales fuera del ambiente terapéutico, seguido por la evaluación del resultado.

PLANES DE CUIDADOS DE ENFERMERIA EN SALUD MENTAL

437004 - Ayudar al paciente a elegir el curso de acción más beneficioso.
437005 - Ayudar al paciente a evaluar el resultado del curso de acción elegido.

6487 - Manejo ambiental: prevención de la violencia

- ACTIVIDADES:
648701 - Aislamiento individual si el paciente es potencialmente peligroso para otros.
648703 - Colocar al paciente en un ambiente menos restrictivo que permita el necesario nivel de observación y vigilancia.
648704 - Comprobar que a su ingreso, el paciente no porta armas potenciales.
648706 - Controlar la seguridad de los artículos que aportan los familiares.
648707 - Eliminar armas potenciales del ambiente (objetos afilados, cuerdas, perchas metálicas, etc.).
648708 - Evitar ausencia de compañía en paciente con riesgo de autolesión.
648709 - Instalar vigilancia continuada en las zonas de acceso del paciente para mantener su seguridad.
648711 - Interponer objetos (guantes), o utilizar sujeciones en pacientes con riesgo de autolesión.
648713 - Reservar una zona de seguridad para aislar al paciente cuando se ponga agresivo.
648714 - Ubicar al paciente en el lugar donde pueda ser mejor controlado.
648715 - Utilizar platos de papel y utensilios de plástico durante las comidas.
648716 - Vigilar al paciente cuando use utensilios potencialmente peligrosos (cuchillas de afeitar, cubiertos, etc.).

6580 - Sujeción física

- ACTIVIDADES:
658002 - Asignar el personal suficiente para ayudar en la aplicación segura de los dispositivos de sujeción mecánicos o manuales.
658003 - Ayudar en las necesidades relacionadas con la nutrición, eliminación, hidratación e higiene personal
658004 - Ayudar en los cambios periódicos de posición corporal.
658005 - Colocar al paciente en una posición que facilite la comodidad y evite la aspiración y las erosiones en la piel.
658006 - Comprobar el estado de la piel en el sitio de sujeción.
658010 - Estudiar con el paciente y el personal, el cese de la intervención restrictiva, las circunstancias que condujeron a la aplicación de la intervención, así como cualquier inquietud del paciente acerca de la intervención misma.
658011 - Evaluar, a intervalos regulares, la necesidad del paciente de continuar con la intervención restrictiva.
658013 - Explicar a la familia los riesgos y beneficios de la sujeción y de la disminución de la misma.
658014 - Explicar al paciente y sus familiares las conductas necesarias para el cese de la intervención.
658015 - Explicar al paciente y sus s eres queridos las conductas que necesitan intervención.
658017 - Fijar las sujeciones fuera del alcance del paciente.

PLANES DE CUIDADOS DE ENFERMERIA EN SALUD MENTAL

658021 - Permitir el moviendo de las extremidades en pacientes con múltiples sujeciones rotando la extracción / reaplicación de una sujeción por vez (según lo permita la seguridad).

658024 - Proporcionar al paciente dependiente medios de solicitud de ayuda (timbre o luz de llamada) cuando el cuidador no es té presente.

658026 - Proporcionar comodidad psicológica al paciente.

658028 - Registrar el fundamento de la aplicación de la intervención de sujeción por razones de su cese.

658029 - Retirar gradualmente las sujeciones a medida que aumente el autocontrol.

658031 - Vigilar color, temperatura y sensibilidad, de las extremidades sujetadas, frecuentemente.

658032 - Vigilar la respuesta del paciente a la retirada de la sujeción.

5.2.3. *"Deterioro de la interacción social (00052)"*

- Definición. Intercambio social inefectivo o cuantitativamente insuficiente o excesivo.

Características definitorias	Factores relacionados
▪ Observación de empleo de conductas de interacción social ineficaces	▪ Alteración de los procesos de pensamiento
▪ Interacción disfuncional con los compañeros , familia o amigos	▪ Aislamiento terapéutico
▪ Informes familiares de cambio del estilo o patrón de interacción	

❖ RESULTADOS (NOC):

1503 - Implicación social

- INDICADORES:
  150301 - Interacción con amigos
  150302 - Interacción con vecinos
  150303 - Interacción con miembros de la familia
  150304 - Interacción con miembros de grupos de trabajo
  150311 - Participación en actividades de ocio

❖ INTERVENCIONES (NIC):

4350 - Manejo de la conducta

PLANES DE CUIDADOS DE ENFERMERIA EN SALUD MENTAL

5100 - Potenciación de la socialización

- ACTIVIDADES:
  510013 - Fomentar las actividades sociales y comunitarias.
  510018 - Responder a la mejora del cuidado del as pecto personal y demás actividades.
  510019 - Responder de forma positiva cuando el paciente establezca el contacto con los demás.
  510020 - Solicitar y esperar comunicaciones verbales.
  510021 - Utilizar el juego de roles para practicar las habilidades y técnica de comunicación mejoradas.

7560 - Facilitar las visitas

- ACTIVIDADES:
  756001 - Fomentar el uso del teléfono para mantener el contacto con los seres queridos, si procede.
  756002 - Aclarar la comprensión por parte de la familia del estado del paciente.
  756003 - Aclarar las normas de visitas con los miembros de la familia / seres queridos.
  756010 - Determinar la necesidad de favorecer las visitas de familiares y amigos.
  756016 - Evaluar periódicamente tanto con el paciente como con la familia las visitas realizadas en relación con las necesidades del paciente / familia y revisar en consecuencia.

5.2.4. *"Incumplimiento del tratamiento (00079)"*

- Definición: Conducta de una persona o de un cuidador que no coincide con el plan terapéutico o de promoción de la salud acordado entre la persona y un profesional del cuidado de la salud. Cuando se ha acordado un plan, ya sea terapéutico o de promoción de la salud, la persona o el cuidador pueden respetarlo total o parcialmente o no cumplirlo en absoluto, lo que puede conducir a resultados clínicos efectivos, parcialmente efectivos o inefectivos.

Características definitorias
▪ No asistencia a las visitas concertadas
▪ Falta de progresos
▪ Evidencia de exacerbación de los síntomas
▪ Evidencia de des arrollo de complicaciones
▪ Conducta indicativa de incumplimiento del tratamiento

❖ RESULTADOS (NOC):

PLANES DE CUIDADOS DE ENFERMERIA EN SALUD MENTAL

1601 - Conducta de cumplimiento

- INDICADORES:
  160101 - Confianza en el profesional sanitario sobre la información recibida
  160103 - Comunica seguir la pauta prescrita
  160104 - Acepta el diagnóstico del profesional sanitario
  160105 - Conserva la cita con un profesional sanitario

❖ INTERVENCIONES (NIC):

4360 – Modificación de la conducta

- INDICADORES:
  436001 - Administrar los refuerzos inmediatamente después de que aparezca la conducta.
  436002 - Administrar refuerzos positivos en las conductas que han de incrementarse.
  436008 - Comunicar el plan de intervención y las modificaciones al equipo de tratamientos, regularmente.
  436012 - Desarrollar un método (un gráfico o diagrama) para registrar la conducta y sus cambios.
  436013 - Des arrollar un programa de cambio de conducta.
  436028 - Fomentar la sustitución de hábitos indeseables por hábitos deseables.

5440 - Aumentar los sistemas de apoyo

- INDICADORES:
  544004 - Determinar el grado de apoyo familiar.
  544005 - Determinar la conveniencia de las redes sociales existentes.
  544006 - Determinar las barreras al uso de los sistemas de apoyo.
  544007 - Determinar los sistemas de apoyo actualmente en uso.
  544011 - Implicar a la familia / s eres queridos / amigos en los cuidados y la planificación.
  544012 - Observar la situación familiar actual.
  544015 - Remitir programas comunitarios de fomento / prevención / tratamiento / rehabilitación, si procede.

5602 - Enseñanza: proceso de e nfermedad

- INDICADORES:
  560204 - Describir el funcionamiento de las recomendaciones del control / terapia / tratamiento.
  560205 - Describir el proceso de la enfermedad.
  560207 - Describir los signos y síntomas comunes de la enfermedad, si procede.
  560209 - Enseñar al paciente medidas para controlar / minimizar síntomas, si procede.
  560210 - Evaluar el nivel actual de conocimientos del paciente relacionados con el proceso de enfermedad específico.
  560213 - Explorar recursos / apoyo posibles, según cada caso.
  560215 - Instruir al paciente s obre cuáles son los signos y síntomas de los que debe informarse al cuidador, si procede.
  560220 - Proporcionar información al paciente acerca de la enfermedad, si procede.

PLANES DE CUIDADOS DE ENFERMERIA EN SALUD MENTAL

560222 - Remitir al paciente a los centros / grupos de apoyo comunitarios locales, si se considera oportuno.

PLANES DE CUIDADOS DE ENFERMERIA EN SALUD MENTAL

6. TRASTORNO DE LA CONDUCTA ADICTIVA

6.1. VALORACIÓN POR PATRONES FUNCIONALES DE SALUD

1. **Percepción-control de la salud:**

•Aspecto general: descuidado, no aseados...

• Conocimientos de su enfermedad: no reconocen la drogodependecia como una enfermedad.

• Hábitos tóxicos: consiste en enumerar las sustancias consumidas, desde cuándo y la cantidad.

• Prácticas de riesgo a la hora del consumo: compartir jeringuilla o el canutillo de esnifar.

• Analítica para descartar enfermedades recientes.

2. **Nutricional-metabólico:**

• IMC: normalmente reducido.

• Anorexia.

• Preferencias por consumir alimentos con alto contenido en glucosa, sobre todo en drogas derivadas de la marihuana.

3. **Eliminación:**

• En pacientes con síndrome de abstinencia: diarrea, exceso de sudoración, rinitis y lagrimeo.

4. **Actividad-ejercicio:**

• Valorar expresión facial y gestos: se toca constantemente la nariz

• Comportamiento motor: según el tipo de intoxicación puede estar desinhibido por ejemplo con un consumo de éxtasis o cocaína o ralentizado por consumo de opiáceos.

5. **Sueño-descanso:**

• Horas de sueño nocturno: ritmo circadiano invertido.

• Problemas de sueño.

PLANES DE CUIDADOS DE ENFERMERIA EN SALUD MENTAL

• Factores que alteran el sueño: síndrome de abstinencia.

• Ayudas para favorecer el sueño: consumo habitual de benzodiazepinas.

6. Cognitivo-perceptivo:

• Nivel de conciencia: depende del tipo de sustancia y la cantidad consumida.

• Atención-orientación: depende del grado de consumo.

• Alteraciones perceptivas: en especial si es consumidor de drogas perturbadoras del SNC (cocaína y LSD), pueden llegar a causar trastornos de tipo esquizoide.

• Memoria e inteligencia: depende de la edad en que comenzó el consumo.

• Organización del pensamiento: contenido, curso y expresión: el contenido está colonizado por el deseo de consumo. El curso y la expresión pueden estar ralentizado o por el contrario existir verborrea.

7. Autopercepción - autoconcepto:

• Suelen tener una imagen negativa de ellos mismos.

• Autoestima baja: favorece el consumo.

8. Rol- relaciones:

• Nivel de independencia: valorar si la adicción afecta al trabajo.

• Personas más significativas

• Consume solo o acompañado.

• El paciente acude al centro con algún familiar cercano o en solitario.

9. Sexualidad - reproducción:

• Problemas de impotencia.

• Aumento del deseo sexual.

• Prácticas sexuales de riesgo.

• Patrón reproducción: en mujeres puede existir amenorrea. Atención a consumidoras gestantes.

10. Afrontamiento - tolerancia al estrés:

• Estado de tensión- ansiedad.

• Posibles factores relacionados: búsqueda incesante de la droga.

• Respuestas habituales de adaptación: ¿responde con violencia?

11. Valores - creencias

6.2. DIAGNÓSTICOS DE ENFERMERÍA

6.2.1. *"Desequilibrio nutricional por defecto (00002)"*

- Definición: Ingesta de nutrientes insuficiente para satisfacer las necesidades metabólicas.

Características definitorias	Factores relacionados
▪ Pérdida de peso con un aporte nutricional adecuado ▪ Diarrea ▪ Informes de ingesta inferior a las raciones ▪ diarias recomendadas ▪ Informes de alteración del sentido del gusto ▪ Falta de interés en los alimentos	▪ Factores psicológicos ▪ Incapacidad para ingerir los alimentos

❖ RESULTADOS (NOC):

1009 - Estado nutricional: ingestión de nutrientes

- INDICADORES:
  100901 - Ingesta calórica
  100902 - Ingestión proteica
  100903 - Ingestión de grasas
  100904 - Ingestión de hidratos de carbono
  100905 - Ingestión de vitaminas
  100906 - Ingestión mineral
  100907 - Ingestión de hierro
  100908 - Ingestión de calcio
  100910 - Ingestión de fibra
  100911 - Ingestión de sodio

❖ INTERVENCIONES (NIC):

1100 - Manejo de la nutrición

- ACTIVIDADES:
  110003 - Asegurarse que la dieta incluye alimentos ricos en fibra para evitar estreñimiento.
  110005 - Comprobar la ingesta realizada para ver el contenido nutricional y calórico.
  110006 - Dar comidas ligeras, en puré y blandas, si procede.

110008 - Determinar la capacidad del paciente para satisfacer las necesidades nutricionales.
110009 - Determinar las preferencias de comidas del paciente.
110013 - Fomentar la ingesta de calorías adecuadas al tipo corporal y es tilo de vida.
110017 - Pesar al paciente a intervalos adecuados.
110019 - Proporcionar al paciente alimentos nutritivos, ricos en calorías y proteínas y bebidas que puedan consumirse fácilmente, si procede.

1160- Monitorización nutricional

6.2.2. "Estreñimiento (00011)"

- Definición. Reducción de la frecuencia normal de la evacuación intestinal, acompañada de eliminación dificultosa o incompleta de las heces excesivamente duras o secas.

Características definitorias	Factores relacionados
▪ Defecación dificultosa	▪ Malos hábitos alimentarios
▪ Disminución de la frecuencia	▪ Opiáceos
▪ Eliminación de heces duras, secas y formadas	▪ Sedantes
▪ Incapacidad para eliminar las heces	

❖ RESULTADOS (NOC):

0501 - Eliminación intestinal

- INDICADORES:
  050101 - Patrón de eliminación en el rango esperado (ERE)
  050102 - Control de movimientos
  050105 - Heces blandas y formadas
  050110 - Ausencia de estreñimiento
  050113 - Control de la eliminación de las heces

❖ INTERVENCIONES (NIC):

0430 - Manejo intestinal

- ACTIVIDADES:

043003 - Controlar los movimientos intestinales, incluyendo la frecuencia, consistencia, forma, volumen y color, si procede.
043005 - Enseñar al paciente las comidas específicas que ayudan a conseguir un adecuado ritmo intestinal.
043018 - Tomar nota de problemas intestinales, rutina intestinal y uso de laxantes con anterioridad.

0450 - Manejo del estreñimiento / impactación

- ACTIVIDADES:
045010 - Evaluar la medicación para ver s i hay efectos gastrointestinales secundarios.
045013 - Fomentar el aumento de la ingesta de líquidos, a menos que es té contraindicado.
045014 - Identificar los factores (medicamentos, repos o en cama y dieta) que pueden ser causa del estreñimiento o que contribuyan al mismo.
045016 - Instruir al paciente / familia acerca de la dieta rica en fibras, s i procede.
045017 - Instruir al paciente / familia s obre el uso correcto de laxantes.
045021 - Vigilar la aparición de signos y síntomas de estreñimiento.

6.2.3. *"Patrones familiares disfuncionales: alcoholismo (00063)"*

- Definición. Las funciones psicosociales, espirituales y fisiológicas de la unidad familiar están crónicamente desorganizadas, lo que conduce a conflictos, negación y solución inefectiva de los problemas, resistencia al cambio y una serie de crisis autoperturbadoras.

Características definitorias	Factores relacionados
▪ Abuso del alcohol	▪ Abuso del alcohol
▪ Alteración de los roles familiares	▪ Habilidades de afrontamiento ▪ Inadecuadas
▪ Ansiedad	
▪ Autoculpabilización	▪ Personalidad adictiva
▪ Dependencia	
▪ Depresión	
▪ Disfunción de la intimidad	
▪ Disminución de la autoestima	
▪ Incapacidad para aceptar ayuda	

PLANES DE CUIDADOS DE ENFERMERIA EN SALUD MENTAL

❖ RESULTADOS (NOC):

1407 - Consecuencias de la adicción a sustancias psicoactivas

- INDICADORES:
  140705 - Alteración crónica de la función cognitiva
  140708 - Absentismo laboral o escolar
  140709 - Dificultad para mantener adecuadamente el empleo
  140710 - Dificultad para mantener adecuadamente el hogar
  140711 - Dificultad para mantenerse económicamente

2601 - Clima social de la familia

- INDICADORES:
  260102 - Participa en las tradiciones de la familia
  260104 - Recibe visitas de los amigos y de todos los miembros de la familia
  260107 - Sigue el programa
  260108 - Mantiene el hogar limpio y ordenado
  260109 - Se apoyan unos a otros
  260114 - Comparte sentimientos y problemas con los miembros de la familia
  260120 - Comparte problemas con otros

❖ INTERVENCIONES (NIC):

4380 - Establecer límites

4500 - Prevención del consumo de sustancias nocivas

- ACTIVIDADES:
  450006 - Ayudar al paciente a identificar estrategias sustitutorias para reducir tensiones.
  450007 - Ayudar al paciente a tolerar el aumento de los niveles de estrés, si procede.
  450010 - Disminuir el aislamiento social, siempre que sea posible.
  450013 - Facilitar la coordinación de esfuerzos entre los diversos grupos comunitarios relacionados con el consumo de sustancias.
  450014 - Fomentar la toma de decisiones responsables acerca de la elección del propio estilo de vida.

4510 - Tratamiento por el consumo de sustancias nocivas

- ACTIVIDADES:
  451002 - Animar al paciente a que tome el control de s u propia conducta.
  451005 - Ayudar al paciente a determinar s i la moderación constituye una meta aceptable, considerando el estado de salud.
  451008 - Ayudarle a identificar los efectos de la dependencia de sustancias químicas sobre la salud, la familia y el quehacer diario.
  451009 - Determinar el historial de consumo de drogas / alcohol.
  451010 - Determinar las sustancias utilizadas.
  451011 - Determinar si existen relaciones codependientes en la familia.

PLANES DE CUIDADOS DE ENFERMERIA EN SALUD MENTAL

451012 - Discutir con el paciente el efecto de las asociaciones con otros consumidores durante el tiempo libre o en horas de trabajo.

451013 - Discutir con el paciente el impacto que tiene el consumo de sustancias en el estado médico o la salud general.

451014 - Discutir el efecto del consumo de sustancias en las relaciones familiares, los compañeros de trabajo y los amigos.

451017 - Evaluar la cantidad de tiempo transcurrido consumiendo sustancias y los esquemas habituales a lo largo del día.

451019 - Facilitar el apoyo de los seres queridos.

451020 - Identificar la existencia de grupos de apoyo para el tratamiento a largo plazo del abuso de sustancias nocivas.

451021 - Identificar los factores (genéticos, distrés psicológico y estrés) que contribuyan a la dependencia de sustancias químicas.

451024 - Verificar s i continúa consumiendo mediante la realización de analíticas frecuentes.

7150 - Terapia familiar

- ACTIVIDADES:

715004 - Ayudar en el replanteamiento de metas des de la continuidad de las mismas hacia una forma más competente de manejar la conducta disfuncional.

715005 - Compartir el plan de la terapia con la familia.

715006 - Determinar las incapacidades específicas relacionadas con las expectativas de los roles.

715007 - Determinar los conflictos y ver s i los miembros de la familia quieren resolverlos.

715008 - Determinar los roles habituales del paciente dentro del sistema familiar.

6.2.4. *"Baja autoestima crónica (00119)"*

- Definición. Larga duración de una autoevaluación negativa o sentimientos negativos hacia uno mismo o sus capacidades.

Características definitorias
▪ Frecuente falta de éxito en el trabajo o en otros acontecimientos de la vida
▪ La persona manifiesta culpa (de forma crónica o durante un largo periodo de tiempo)
▪ La persona tiene expresiones negativas sobre s í misma (de forma crónica o durante un largo periodo de tiempo)

PLANES DE CUIDADOS DE ENFERMERIA EN SALUD MENTAL

❖ RESULTADOS (NOC):

1205 – Autoestima

- INDICADORES:
  120509 - Mantenimiento del cuidado / higiene personal
  120514 - Aceptación de críticas constructivas
  120516 - Descripción de éxitos laborales o escolares
  120519 - Sentimientos s obre s u propia persona

❖ INTERVENCIONES (NIC):

5400 - Potenciación de la autoestima

- ACTIVIDADES:
  540005 - Ayudar a establecer objetivos realistas para conseguir una autoestima más alta.
  540006 - Ayudar al paciente a aceptar la dependencia de otros, si procede.
  540010 - Ayudar al paciente a reexaminar las percepciones negativas que tiene de sí mismo.
  540019 - Fomentar el aumento de responsabilidad de sí mismo, si procede.
  540023 - Observar la falta de seguimiento en la consecución de objetivos.

6.2.5. *"Afrontamiento inefectivo (00069)"*

- Definición. Incapacidad para realizar una apreciación válida de los agentes estresantes para elegir adecuadamente las respuestas habituales o para usar los recursos disponibles.

Características definitorias	Factores relacionados
Abuso de agentes químicos Conducta destructiva hacia sí mismo Expresiones de incapacidad para afrontar la situación Expresiones de incapacidad para pedir ayuda Reducción en el uso de apoyo social Solución inadecuada de los problemas Tras tornos del sueño	Alto grado de amenaza Falta de confianza en la capacidad para afrontar la situación

❖ RESULTADOS (NOC):

1903 - Control del riesgo: consumo del alcohol

- INDICADORES:
  190301 - Reconoce el riesgo del abuso de alcohol
  190302 - Reconoce las consecuencias personales asociadas con el abuso de alcohol
  190303 - Supervisa el ambiente para valorar factores que favorecen el consumo de alcohol
  190304 - Supervisa los patrones personales del consumo de alcohol
  190305 - Des arrolla estrategias efectivas de control del consumo de alcohol
  190306 - Adapta las estrategias de control del consumo de alcohol cuando es necesario
  190307 - Se compromete con estrategias de control del consumo de alcohol
  190308 - Sigue las estrategias seleccionas de control del consumo de alcohol
  190309 - Participa en la identificación sistemática de problemas relacionados con la salud
  190311 - Utiliza los sistemas de apoyo personal para controlar el abuso de alcohol
  190312 - Utiliza grupos de apoyo para controlar el consumo de alcohol
  190316 - Controla la ingestión de alcohol

1904 - Control del riesgo: consumo de drogas

- INDICADORES:
  190401 - Reconoce el riesgo del abuso de drogas
  190402 - Reconoce las consecuencias personales asociadas con el abuso de drogas
  190403 - Supervisa el ambiente para valorar factores que favorecen el consumo de drogas
  190404 - Supervisa los patrones personales del consumo de drogas
  190405 - Des arrolla estrategias efectivas de control del consumo de drogas
  190406 - Adapta las estrategias de control del consumo de drogas cuando es necesario
  190407 - Se compromete con estrategias de control del consumo de drogas
  190408 - Sigue las estrategias seleccionas de control del consumo de drogas
  190409 - Participa en la identificación sistemática de problemas relacionados con la salud
  190411 - Utiliza los sistemas de apoyo personal para controlar el abuso de drogas
  190412 - Utiliza grupos de apoyo para controlar el consumo de drogas
  190416 - Controla la ingestión de drogas

❖ INTERVENCIONES (NIC):

4360 - Modificación de la conducta

- ACTIVIDADES:
  436001 - Administrar los refuerzos inmediatamente después de que aparezca la conducta.
  436002 - Administrar refuerzos positivos en las conductas que han de incrementarse.
  436005 - Animar al paciente a que examine s u propia conducta.
  436006 - Ayudar al paciente a identificar los más pequeños éxitos producidos.
  436007 - Ayudar al paciente a identificar su fortaleza y reforzarla.

436008 - Comunicar el plan de intervención y las modificaciones al equipo de tratamientos, regularmente.
436013 - Des arrollar un programa de cambio de conducta.
436015 - Determinar la motivación al cambio del paciente.
436016 - Determinar s i la conducta objetivo identificada deber ser aumentada, disminuida o aprendida.
436028 - Fomentar la sustitución de hábitos indeseables por hábitos deseables.
436029 - Identificar el problema del paciente en términos de conducta.
436030 - Identificar la conducta que ha de cambiarse (conducta objetivo) en términos específicos, concretos.
436031 - Identificar un programa de aporte de refuerzos: puede ser continuo o intermitente.
436034 - Presentar al paciente a personas (o grupos) que hayan superado con éxito la misma experiencia.

4500 - Prevención del consumo de sustancias nocivas
(Ver patrones familiares disfuncionales)

4510 - Tratamiento por el consumo de sustancias nocivas
(Ver patrones familiares disfuncionales)

5820 - Disminución de la ansiedad

- ACTIVIDADES:
582003 - Administrar medicamentos que reduzcan la ansiedad, si están prescritos.
582007 - Ayudar al paciente a identificar las situaciones que precipitan la ansiedad.
582010 - Crear un ambiente que facilite la confianza.
582013 - Establecer actividades recreativas encaminadas a la reducción de tensiones.
582017 - Identificar los cambios en el nivel de ansiedad.
582018 - Instruir al paciente s obre el uso de técnicas de relajación.
582021 - Proporcionar información objetiva res pecto del diagnóstico, tratamiento y pronóstico.
582023 - Reforzar el comportamiento, si procede.

6.2.6. *"Insomnio (00095)"*

- Definición: Trastorno de la cantidad y calidad del sueño que deteriora el funcionamiento.

Características definitorias	Factores relacionados
• Informar de cambios de humor	• Ansiedad
• Informar de dificultad para conciliar el sueño	• Toma de alcohol
• Informar de dificultad para permanecer dormido	• Toma de estimulantes

▪ Informar de tras tornos del sueño que tienen consecuencias al día siguiente ▪ Informar de una disminución de s u calidad de vida ▪ Informar de una disminución de su estado de salud	

❖ RESULTADOS (NOC):

0004 – Sueño

   - INDICADORES:
      000401 - Horas de sueño (como mínimo 5h/24h)
      000403 - Patrón del sueño
      000407 - Hábito de sueño
      000417 - Dependencias de las ayudas para dormir
      000418 - Duerme toda la noche

❖ INTERVENCIONES (NIC):

1850 - Mejorar el sueño

   - ACTIVIDADES:
      185003 - Ajustar el programa de administración de medicamentos para apoyar el ciclo de sueño / vigilia del paciente.
      185011 - Determinar el esquema de sueño / vigilia del paciente.
      185012 - Determinar los efectos que tiene la medicación del paciente en el esquema de sueño.
      185019 - Fomentar el aumento de las horas de sueño si fuera necesario.
      185021 - Incluir el ciclo regular de sueño / vigilia del paciente en la planificación de cuidados.

PLANES DE CUIDADOS DE ENFERMERIA EN SALUD MENTAL

7. BIBLIOGRAFIA Y FUENTES CONSULTADAS

- *Atención de enfermería en los trastornos de la conducta alimentaria.* Aula acreditada FUDEN. Disponible en: http://www.fuden.es/aula_acreditada_temario.cfm?id_tema_aula=82&id_menu=538

- Bulechek GM, *Clasificación de Intervenciones de Enfermería (NIC).* Ed. Elsevier, 2012.

- Gómez MJ, Balaguer J, González J. *Estudio de diagnósticos enfermeros prevalentes en pacientes consumidores habituales de sustancias tóxicas en una unidad de patología dual.* 8º Congreso Virtual de Psiquiatría. Interpsiquis, 2007.

- González García A. *Plan de cuidados de enfermería de pacientes alcohólicos ingresados en una unidad de salud mental.* 5° Congreso Virtual de Psiquiatría. Interpsiquis ,2004.

- Morhead S., Jonson M., Maas M. *Clasificación de resultados de enfermería (NOC).* Ed. Elsevier, 2012.

- NANDA International, *DIAGNOSTICOS ENFERMEROS: Definiciones y clasificación, 2009-2011.* Ed. Elsevier, 2011.

- Pedreño Aznar MA. *Intervención de Enfermería a través de un plan de cuidados a un paciente esquizofrénico.* Educare21, 2004; 14.
- Disponible en: http://enfermeria21.com/educare/educare14/aprendiendo/aprendiendo2.htm

- Serrano MD. *Enfermería en psiquiatría y salud mental.* Enfermería21, Difusión Avances de Enfermería. Madrid, 2000.

- Serrano Gil A, Leónsegui GuillotRA (coord.), *Introducción a la enfermería en salud mental.* Ediciones Díaz de Santos, 2012.

- www.nanda.es